AF321451

NOTE

SUR

QUELQUES POINTS DE PHYSIOLOGIE,

PAR M. SÉGALAS D'ETCHEPARE,

Professeur agrégé de la Faculté de médecine de Paris,
membre adjoint de l'Académie royale de médecine.

NOTE

SUR

QUELQUES POINTS DE PHYSIOLOGIE.

Je puis donner comme conséquence d'une série d'expériences tentées sur plusieurs espèces de mammifères (1) les faits qui suivent :

Sur l'absorption.

1° Quand on porte directement dans les bronches, à l'état liquide, un poison énergique et de nature à agir par voie d'absorption, cette substance produit les phénomènes de l'empoisonnement beaucoup plus rapidement et à des doses beaucoup moindres que si elle était portée sur toute autre membrane muqueuse. Par exemple, *deux grains* d'extrait alcoolique de noix vomique, dissous dans deux onces d'eau, produisent en quelques secondes, par la voie des bronches, un tétanos toujours suivi d'une mort immédiate, chez un

---

(1) Celles de mes expériences qui regardent l'absorption, la circulation et l'exhalation ont été faites, la plupart, sur des chiens ou des chats; celles qui ont rapport à la respiration, la calorification et l'action nerveuse, presque toutes sur des cabiais ou des lapins.

1 .

chien de moyenne taille (1). Au lieu qu'en portant dans la vessie d'un chien de même stature *deux gros* de la même substance, dissous dans une suffisante quantité d'eau, on n'observe de mouvements convulsifs qu'après une attente de vingt minutes, et la mort n'arrive jamais que plus ou moins de temps après (2).

Ce rapprochement, d'un côté, prouve qu'il existe de très grandes différences entre les différentes parties du corps, sous le rapport de la quantité des substances qu'elles absorbent, et du temps que les substances absorbées emploient pour arriver aux centres nerveux, ou, si l'on veut, sous le rapport de l'énergie et de la rapidité de l'absorption; et de l'autre, semble attester que ces deux circonstances de l'absorption, l'*énergie* et la *rapidité*, sont en rapport avec la masse du sang qui arrive aux organes et la promptitude avec laquelle ce fluide en revient.

2° Les poisons qui agissent d'une manière directe sur les centres nerveux produisent plus promptement leur effet quand on les porte à l'état liquide dans les bronches que quand on les injecte sous la même forme dans les veines.

(1) L'injection d'une certaine quantité d'eau pure, d'un verre et même plus, dans les bronches d'un tel animal, ne donne lieu à aucun accident.

(2) Un demi-grain, injecté dans les bronches, suffit pour tuer un très gros chien en moins de deux minutes. Deux grains sont portés sans effet funeste, et même parfois sans effet sensible, dans l'estomac, le péritoine ou la plèvre d'un animal bien plus faible. Je donnerai prochainement un tableau détaillé de mes expériences à ce sujet.

Ce résultat semble annoncer qu'il faut moins de temps au poison pour arriver aux centres nerveux par la voie de l'absorption pulmonaire que par la voie de la circulation à sang noir, et prouver que l'absorption pulmonaire, ou le passage d'une substance, appliquée sur la membrane muqueuse des poumons, dans les vaisseaux de ces organes, se fait plus rapidement que le transport du sang noir des veines principales dans ses divisions de l'artère pulmonaire.

3° Innocents, médicamenteux ou vénéneux, les liquides sont indifféremment absorbés, pourvu qu'ils soient miscibles avec le sang et sans action corrosive sur les tissus organiques : témoin l'eau, les poisons narcotiques dissous dans l'eau, l'alcool affaibli, etc.

D'où l'on doit conclure que la sensibilité organique ne préside pas à l'absorption, ou que la contractilité organique insensible lui est souvent infidèle.

4° Les substances immiscibles avec le sang, fussent-elles liquides, ne sont point absorbées, ou du moins le sont très peu et très lentement. C'est ainsi, par exemple, que l'huile, injectée dans le péritoine d'un chien s'y montre huit, dix jours après, en quantité visiblement la même, et agit comme un puissant irritant sur cette membrane, qu'elle enflamme dans toute son étendue.

Ceci prouve que les médicaments soumis à l'absorption doivent agir avec plus d'énergie dans les véhicules aqueux que dans les huileux, et probablement aussi avec plus de force que dans les véhicules butyreux ou graisseux, et semble contre-indiquer

(6)

l'onction des doigts avec l'huile ou le beurre pour la réduction des intestins dans les cas de plaies pénétrantes de l'abdomen avec issue de ces viscères.

5° Les substances qui désorganisent *instantanément* les tissus sur lesquels on les applique ne sont point absorbées, même à l'état liquide, témoin les acides sulfurique et nitrique *concentrés*.

Ce qui explique pourquoi l'action de ces substances est d'abord seulement locale et ensuite locale et sympathique, et prouve que la réaction de l'économie sur ces agents délétères, ou, comme l'on dit, le refus qu'elle fait de les recevoir, tient moins à l'exercice de l'organisme qu'à l'absence de l'organisation, qu'à la destruction immédiate des conduits absorbants.

Sur la circulation.

6° Si, sur un chien, on lie l'artère aorte immédiatement au-dessus de sa bifurcation en iliaques primitives, l'animal laisse bientôt remarquer une faiblesse des extrémités postérieures, et après huit ou dix minutes, plus ou moins, selon qu'il est maintenu en repos ou en activité, il peut à peine se traîner sur les jambes de derrière.

Ce fait se joint à ceux déjà fournis par l'observation, pour prouver que l'abord du sang artériel dans une partie est une condition nécessaire de son exercice musculaire.

7° Quand on lie de même, isolément et à la même hauteur, la veine cave inférieure chez un animal semblable, les extrémités postérieures, quoique affaiblies, conservent encore le mouvement , mais elles ne tardent pas à se gorger de sang , et peu d'heures après , quatre , cinq , six heures au plus , elles sont infiltrées de sérosité.

Cette expérience, rapprochée de la précédente, montre que la suspension de la circulation veineuse dans les membres est moins grave que celle de la circulation artérielle , et fait concevoir les œdèmes qui succèdent à la gêne du cours du sang veineux dans divers états morbides et même physiologiques , dans la grossesse, par exemple.

8° Que l'on lie simultanément et à la même hauteur, immédiatement au-dessus de leur bifurcation , l'artère aorte et la veine cave , l'animal placé dans les mêmes circonstances qu'après la ligature isolée de l'aorte conservera le mouvement des extrémités postérieures au moins une fois plus de temps, seize, vingt minutes, et plus.

Ce qui semble annoncer deux choses , et en prouve au moins une , savoir, que la suppression de la circulation veineuse retarde la perte des qualités stimulantes du sang rouge , et que le sang veineux , au lieu d'être stupéfiant , comme on l'a dit , est seulement moins excitant que le sang artériel.

9° Si , pour l'ablation d'un rein ou de la rate , on coupe les vaisseaux de ces organes avec l'instrument tranchant et qu'on en néglige la ligature , il survient une hémorrhagie abondante et suivie d'une mort prompte; tandis que la déchirure des mêmes vaisseaux, par l'arrachement des mêmes viscères , ne donne lieu qu'à l'écoulement d'une très petite quantité de sang, et rend la ligature une précaution superflue.

Ce fait confirme les conclusions déjà tirées des observations faites chez l'homme sur les plaies par arrachement, et dissipe toute crainte d'hémorrhagie consécutive dans les blessures de ce genre.

Sur la respiration.

10° Que l'on lie, sur un cône solide, la trachée-artère d'un mammifère de manière à intercepter toute communication entre les bronches et l'air extérieur, l'animal périt d'asphyxie, en un temps déterminé, quoique variable selon l'âge qu'il porte, le genre auquel il appartient, etc. Si sur un animal de même âge, de même espèce, placé dans les mêmes circonstances, on ouvre largement la poitrine, en même temps qu'on obture la trachée, la mort arrive plus tard. Un retard semblable, quoique moindre, s'observe encore dans la mort qui suit l'oblitération de la trachée-artère, si l'on a le soin de mettre les viscères abdominaux à découvert par une incision cruciale, ou de mettre à nu le tissu cellulaire sous-cutané, en dépouillant le corps de l'animal.

Ce résultat d'abord prouve que l'oxygénation du sang, comme le dégagement de l'acide carbonique, peut se faire ailleurs que sur la surface muqueuse des poumons et particulièrement sur la surface séreuse de ces viscères, sur le péritoine et sous le derme. Ensuite il semble annoncer que la prérogative dont jouit l'homme, de survivre à des asphyxies prolongées, tandis que les autres mammifères ne reviennent jamais à la vie, dès qu'ils ont, depuis quelques secondes, cessé tous mouvements (ceux du cœur y compris), tient à ce que l'état de nudité de la peau humaine permet sur cette membrane une respiration partielle, refusée aux animaux couverts de poils ou d'autres parties épidermiques. Enfin il confirme l'utilité des frictions sèches faites sur la peau des asphyxiés, en signalant, à côté de leur action sympathique sur la respiration pulmonaire, l'influence locale qu'elles doivent exercer sur la respiration cutanée.

11° Quand sur un animal asphyxié et dont le cœur cesse à l'instant de battre on fait une large ouverture à l'une des veines caves ou même des jugulaires, les mouvements du cœur se rétablissent immédiatement, sans doute parceque les parties droites du cœur, distendues par du sang, acquièrent par la saignée la faculté de revenir sur elles-mêmes et entraînent les parties droites de ce viscère dans leur action, comme elles semblent les avoir entraînées dans leur repos.

Ce qui montre l'utilité des émissions sanguines dans le traitement des asphyxies, et la préférence que mérite l'incision de la veine jugulaire sur celle des autres veines.

Sur l'exhalation.

12° Si l'on arrête subitement la circulation pulmonaire d'un chien, en injectant dans ses veines une certaine quantité d'un fluide immiscible avec le sang, une once d'huile par exemple, et qu'on examine le corps immédiatement après la mort, qui arrive en deux ou trois minutes, on ne trouve de remarquable que la présence de l'huile dans les dernières divisions de l'artère pulmonaire, la distension des cavités droites du cœur et la plénitude des gros troncs veineux correspondants. Mais si un animal, mis dans les mêmes circonstances, n'est ouvert que dix, quinze et surtout vingt, trente heures après, l'on observe que les cavités séreuses, spécialement celles de la poitrine, sont occupées par de la sérosité, pure ou légèrement sanguinolente; que les cavités droites du cœur et les veines correspondantes contiennent peu de sang, et qu'en outre ce fluide y est en partie dépouillé de son sérum.

Cette différence d'état prouve que des épanchements séreux ou séro-sanguins, constatés dans les cavités séreuses de l'homme par des autopsies faites vingt-quatre ou trente heures après la mort, peuvent, surtout quand celle-ci a préludé par un embarras de la circulation pulmonaire, être, au moins en partie, des résultats cadavériques.

13° Que l'on isole par deux ligatures un tronc artériel, en ayant le soin de le lier de manière à ce qu'il soit distendu par du sang, le conduit vasculaire perd bientôt de son volume, et, réduit en peu d'heures presqu'à l'épaisseur de ses parois, il ne contient plus qu'une petite quantité de sang noir et coagulé.

Cette expérience atteste qu'il suffit que le sang rouge stagne dans les vaisseaux pour qu'il devienne noir et qu'il perde une partie de son sérum, et explique ainsi

la couleur livide des parties étranglées et le développe-
ment des phlyctènes qu'elles offrent à leur surface.

Sur la calorification.

14° Quand on plonge un thermomètre dans le ventre
d'un animal, il présente une température d'autant plus
élevée qu'on le tient plus près du diaphragme, et d'autant plus basse qu'on le place plus loin de ce muscle.
Les différences de température constatées de la sorte
peuvent aller à trois ou quatre degrés de Réaumur. On
observe des différences analogues quand le thermomètre est porté sous la peau des diverses parties du
corps ; de telle sorte que plus on s'éloigne de la poitrine
et des principaux troncs artériels et veineux, et plus la
température est basse, toutes choses égales d'ailleurs.

Ces faits dénotent que la température du corps n'est
pas aussi égale qu'on a pu le croire, et semblent in-
diquer la poitrine comme le principal foyer de la
chaleur animale, et le sang comme le véhicule de cette
chaleur.

Sur le système nerveux.

15° Si, sur un cabiais mâle, dont on a mis le cerveau
à nu, on plonge un stylet dans le cervelet de manière
à arriver à la partie supérieure de la moelle de l'épine,
on produit *l'érection;* et si l'on pousse ensuite le stylet
dans la colonne vertébrale jusque dans la région lom-
baire ; *l'éjaculation* a lieu, tandis que la vessie, fût-
elle pleine, n'en conserve pas moins son dépôt (1). Les

(1) Je crois avoir saisi la cause de ce fait ; je me propose de l'in-
diquer dans un travail anatomique sur les organes génitaux des cabiais.

mêmes phénomènes s'observent dans les cabiais dé-
capités, quand on agit de même avec un stylet de
haut en bas sur la moelle de l'épine. La dilacéra-
tion isolée du cerveau, ou de la partie inférieure de la
moelle de l'épine, ne produit jamais un effet semblable; il en est de même de la déchirure du cervelet,
du moins dans ses parties supérieure, postérieure et
inférieure.

Ce qui semble annoncer un rapport spécial entre
l'appareil excréteur du sperme et certaines parties de
la moelle de l'épine, sans détruire celui que l'on a dit
exister entre le cervelet et les organes génitaux.

17° Plusieurs substances qui passent pour produire la
mort par asphyxie, entre autres le camphre, la donnent
par leur action directe sur le système nerveux, ainsi
que je crois l'avoir démontré pour la strychnine, dans
une lettre adressée à M. Magendie, en octobre 1822,
et comme il est facile de s'en assurer par des épreuves
du même genre.

D'où l'on peut conclure que l'insufflation de l'air
dans les poumons est un moyen inutile dans les em-
poisonnements par ces substances.

DE L'IMPRIMERIE DE LACHEVARDIERE FILS,
SUCCESSEUR DE CELLOT, RUE DU COLOMBIER, N° 30.